MathStart®
洛克数学启蒙②

狂欢购物节

巧算加法

[美]斯图尔特·J.墨菲　文　　[美]雷尼·安德里亚尼　图　　漆仰平　译

海峡出版发行集团　福建少年儿童出版社
THE STRAITS PUBLISHING & DISTRIBUTING GROUP　FUJIAN CHILDREN'S PUBLISHING HOUSE

给克里斯托弗·马修——墨菲家族的又一重要成员。

——斯图尔特·J.墨菲

献给我的超级顾客玛吉。

——雷尼·安德里亚尼

MALL MANIA

Text Copyright © 2006 by Stuart J. Murphy

Illustration Copyright © 2006 by Renée Andriani

Published by arrangement with HarperCollins Children's Books, a division of HarperCollins Publishers through Bardon-Chinese Media Agency

Simplified Chinese translation copyright © 2023 by Look Book (Beijing) Cultural Development Co., Ltd.

ALL RIGHTS RESERVED

著作权合同登记号：图字 13-2023-038号

图书在版编目（CIP）数据

洛克数学启蒙.2.狂欢购物节 / (美) 斯图尔特·
J.墨菲文；(美) 雷尼·安德里亚尼图；漆仰平译. --
福州：福建少年儿童出版社，2023.9
　ISBN 978-7-5395-8102-6

Ⅰ.①洛… Ⅱ.①斯… ②雷… ③漆… Ⅲ.①数学 -
儿童读物 Ⅳ.①O1-49

中国国家版本馆CIP数据核字(2023)第005834号

LUOKE SHUXUE QIMENG 2 · KUANGHUAN GOUWUJIE

洛克数学启蒙2·狂欢购物节

著　者：[美]斯图尔特·J.墨菲　文　[美]雷尼·安德里亚尼　图　漆仰平　译
出 版 人：陈远　出版发行：福建少年儿童出版社　http://www.fjcp.com　e-mail:fcph@fjcp.com　社址：福州市东水路 76 号 17 层（邮编：350001）
选题策划：洛克博克　责任编辑：曾亚真　助理编辑：赵芷晴　特约编辑：刘丹亭　美术设计：翠翠　电话：010-53606116（发行部）　印刷：北京利丰雅高长城印刷有限公司
开　本：889 毫米 ×1092 毫米　1/16　印张：2.5　版次：2023 年 9 月第 1 版　印次：2023 年 9 月第 1 次印刷　ISBN 978-7-5395-8102-6　定价：24.80 元

版权所有，侵权必究！未经许可，不得以任何方式复制或转载本书的全部或部分内容。
如发现印刷质量问题，请直接与承印厂联系调换。
联系电话：010-59011249

狂欢购物节

狂欢购物节那天，进入帕克赛商城的第100个人会得到许多礼物。威尔逊小学象棋俱乐部的孩子们负责在商城门口统计人数。

4

　　乔纳森、妮科尔、加比和史蒂文负责在
各个入口处计算进入商城的顾客数量。俱乐
部队长希瑟和指导老师格兰特在美食区等着
揭晓奖品。他们每人都有一部对讲机。

乔纳森第一个看到的是好朋友布兰登和他的姐姐布鲁克。
"再见，布兰登。一会儿见！"布鲁克说完，就跑进了商城。

"第1个。"乔纳森报告着数字。布兰登和乔纳森一起待在商场外面。
"我讨厌购物，"布兰登小声抱怨，"但我们得给妈妈买生日礼物。
布鲁克先进去选选，待会儿再来叫我。"

"桑尼体育俱乐部刚刚为获奖者提供了两张橄榄球比赛门票！"格兰特老师宣布。

"我讨厌橄榄球。"布兰登嘟囔着，"没有篮球有意思。"

"大家请注意！"希瑟说，"目前已经有多少顾客进了商城？"

9

妮科尔

史蒂文

加比

乔纳森

11

"妮科尔、加比，把这些数字加起来。"希瑟发出指令。

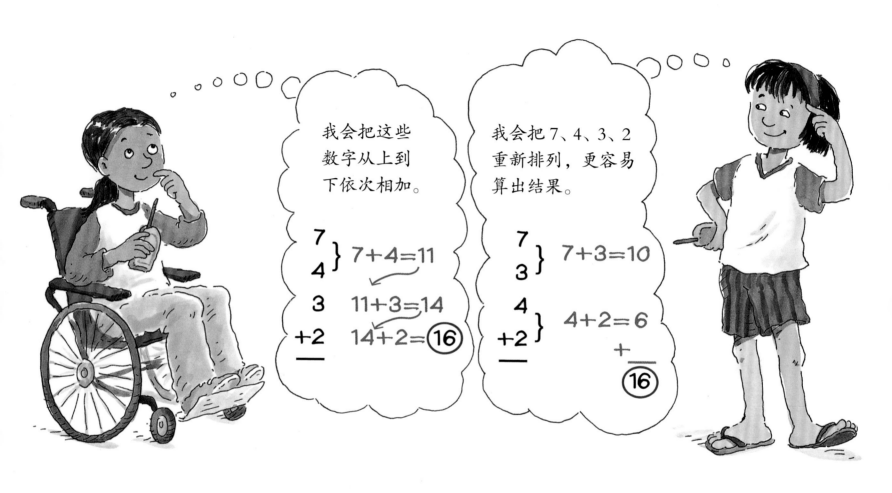

我会把这些数字从上到下依次相加。

$$7 + 4 = 11$$
$$11 + 3 = 14$$
$$14 + 2 = ⑯$$

我会把7、4、3、2重新排列，更容易算出结果。

$$7 + 3 = 10$$
$$4 + 2 = 6$$
$$⑯$$

"我算出的是16！"妮科尔说。
"我也是。"加比说。

“开头有点慢。”希瑟说。

“会快起来的。”格兰特老师说。

接着，他宣布：“鲨客海鲜餐厅刚刚提供了一顿免费的全鱼大餐。”

“鱼？好恶心！”布兰登的抱怨从对讲机里传了出来。

希瑟等了大约十分钟，接着问大家：“好，从上次统计之后又有多少人进来了？”

妮科尔

史蒂文

加比

乔纳森

15

"乔纳森、史蒂文，你们来加一下总人数。"希瑟说。

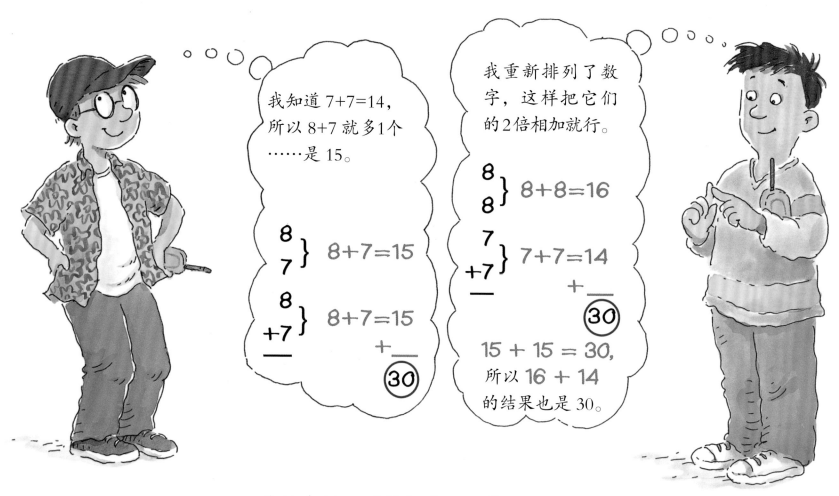

乔纳森说："总数是 30。"
"我算出的也是 30。"史蒂文说。

希瑟拿出计算器。"加上之前的 16 个，现在是 46 个，接近一半啦！"她说。

"全耳公司刚刚捐出了一张A-Z 乐队的最新音乐专辑！"格兰特老师宣布。

"没劲，"布兰登喃喃自语，"我从来不听他们的音乐。"

没过一会儿，希瑟又通知大家："请各位报告数字。"

妮科尔

史蒂文

加比

乔纳森

19

"史蒂文、加比，现在总共多少人了？"希瑟问。

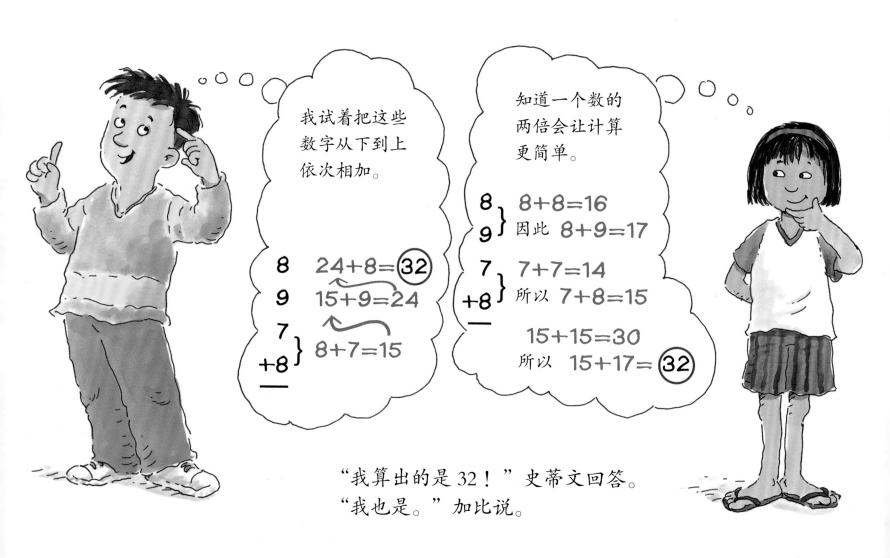

我试着把这些数字从下到上依次相加。

8
9
7
+8

24+8=**32**
15+9=24
8+7=15

知道一个数的两倍会让计算更简单。

8
9
7
+8

8+8=16
因此 8+9=17
7+7=14
所以 7+8=15

15+15=30
所以 15+17=**32**

"我算出的是 32 ！"史蒂文回答。
"我也是。"加比说。

"加上之前的 46 个，现在是 78 个。"希瑟说。
"T 恤厂刚刚赞助一件黄色 T 恤。"格兰特老师补充道。

"我最不喜欢黄色了。"布兰登发着牢骚。
"你什么都不喜欢吗？"乔纳森问。
"嗯，巧克力还行吧。"布兰登回答。
几分钟后，希瑟要求更新计数。

"马上就要到了！"希瑟说，"乔纳森、妮科尔，现在加起来是多少人？"

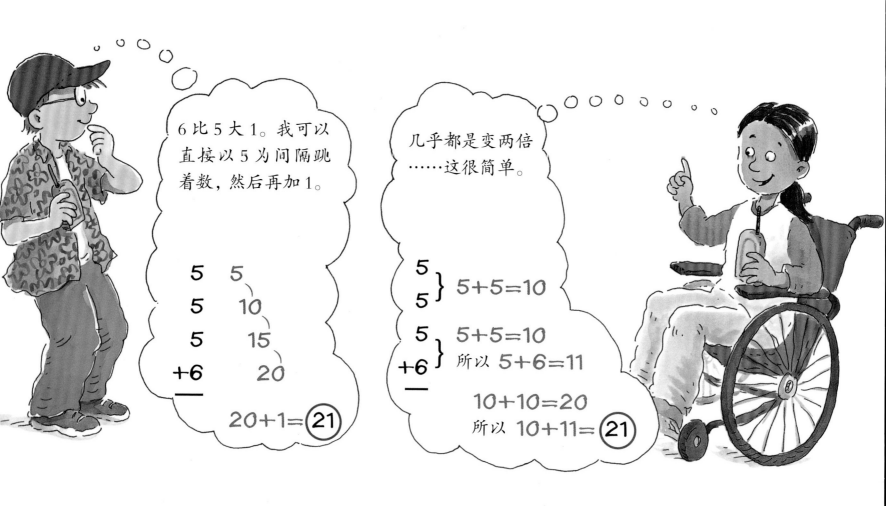

6比5大1。我可以直接以5为间隔跳着数，然后再加1。

5　5
5　　10
5　　　15
+6　　　　20
——
20+1=㉑

几乎都是变两倍……这很简单。

5
5　} 5+5=10

5
+6　} 所以 5+6=11

10+10=20
所以 10+11=㉑

"21！"乔纳森和妮科尔异口同声地答道。

　　"21 加 78，也就是说，我们现在总共数到 99 了，"希瑟大叫，"下一个进入商场的人就是我们的获奖者！"

就在这时，布鲁克出现在南门入口处。

"快来，布兰登。"布鲁克喊着，"我找不到适合妈妈的东西。你来帮帮忙。"她拽着布兰登的胳膊把他拉进商城里。

"就是他了，"乔纳森喊起来，"第 100 个顾客！"

很快，布兰登就来到了希瑟和格兰特老师身旁，手里拿着他的奖品：球票、全鱼餐券、A–Z 乐队的专辑，还有一件亮黄色的 T 恤。布兰登不敢相信自己的运气怎么这么差。

29

“还有一份在最后一分钟赞助的奖品，”格兰特老师宣布，“来自糖果店的一盒巧克力！”

“太棒了！”布兰登说，“可算有我喜欢的东西了！”

"太好了！"布鲁克说。

"这是送给妈妈的最佳生日礼物！"

写给家长和孩子

《狂欢购物节》中所涉及的数学概念是加法技巧。这些技巧有：利用双倍数相加（如3+3）、双倍数加1（如3+4），以及凑十法（如3+7）等等。当孩子开始学习将两个以上的数字相加时，这些技巧都很有用。

对于《狂欢购物节》中所呈现的数学概念，如果你们想从中获得更多乐趣，有以下几条建议：

1. 阅读故事，讨论故事里的孩子是如何运用不同技巧将4个数字快速相加的。

2. 再次阅读故事，并画一张图，表示出每个孩子所站的入口。在孩子们每次喊出4个数字时停下来，讨论该如何算出4个数字之和。

3. 再次阅读故事时，帮助孩子计算出不同时段进入商场的总人数。

4. 选择故事中使用过的某种加法技巧，例如双倍数相加，让孩子算出不同数的两倍之和。继续练习其他技巧。然后让孩子同时运用多种技巧计算4个数字之和。

北门：加比

西门：史蒂文

格兰特老师

希瑟

布鲁克

东门：妮科尔

南门：乔纳森

如果你想将本书中的数学概念扩展到孩子的日常生活中，可以参考以下这些游戏活动：

1. 骨牌求和：将所有的多米诺骨牌正面朝下。第一个玩家选择两张多米诺骨牌，算出上面所示的 4 个数字之和。第二个玩家也这么做。得数高的人赢走这 4 张牌。最后谁的手里牌多，谁就是赢家。

2. 字母换钱：按如下表格给出的每个字母代表的价钱，每人想任一 4 个字母的单词，看看谁的单词更值钱。接下来想出包含 5 个字母的单词，看看谁的单词更值钱。

字母	价格	字母	价格
A–E	4 元	P–T	7 元
F–J	5 元	U–Y	8 元
K–O	6 元	Z	9 元

3. 数硬币：给孩子 4 堆不同面额的硬币，每堆不超过 10 个。让孩子算出总金额。

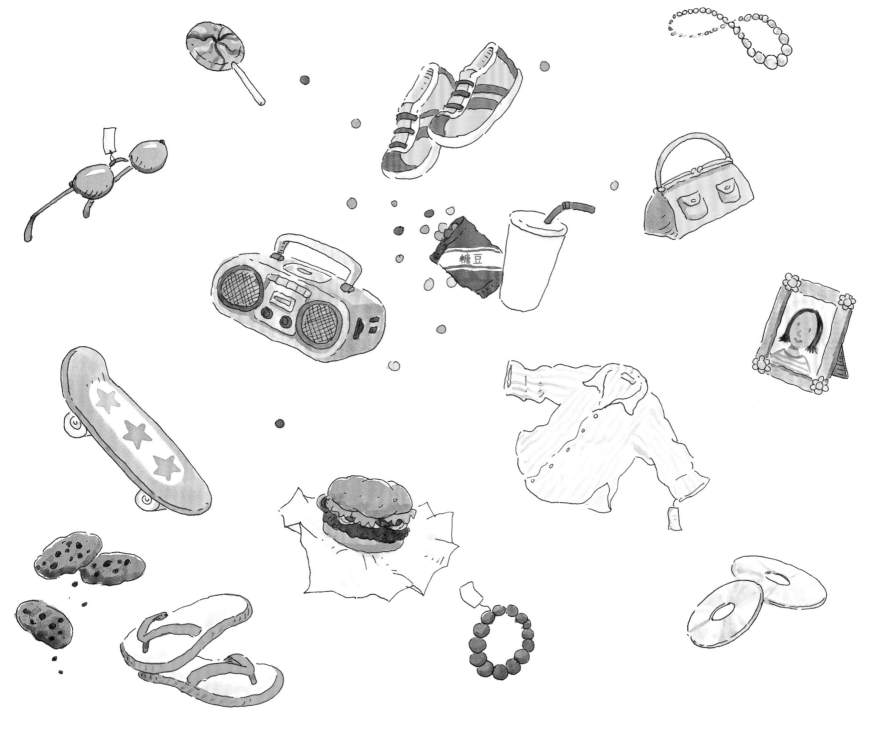

《虫虫大游行》	比较
《超人麦迪》	比较轻重
《一双袜子》	配对
《马戏团里的形状》	认识形状
《虫虫爱跳舞》	方位
《宇宙无敌舰长》	立体图形
《手套不见了》	奇数和偶数
《跳跃的蜥蜴》	按群计数
《车上的动物们》	加法
《怪兽音乐椅》	减法

《小小消防员》	分类
《1、2、3，茄子》	数字排序
《酷炫 100 天》	认识 1~100
《嘀嘀，小汽车来了》	认识规律
《最棒的假期》	收集数据
《时间到了》	认识时间
《大了还是小了》	数字比较
《会数数的奥马利》	计数
《全部加一倍》	倍数
《狂欢购物节》	巧算加法

《人人都有蓝莓派》	加法进位
《鲨鱼游泳训练营》	两位数减法
《跳跳猴的游行》	按群计数
《袋鼠专属任务》	乘法算式
《给我分一半》	认识对半平分
《开心嘉年华》	除法
《地球日，万岁》	位值
《起床出发了》	认识时间线
《打喷嚏的马》	预测
《谁猜得对》	估算

《我的比较好》	面积
《小胡椒大事记》	认识日历
《柠檬汁特卖》	条形统计图
《圣代冰激凌》	排列组合
《波莉的笔友》	公制单位
《自行车环行赛》	周长
《也许是开心果》	概率
《比零还少》	负数
《灰熊日报》	百分比
《比赛时间到》	时间

2-A

洛克数学启蒙
练习册

洛克博克童书 策划　　舒丽 编写　　懂懂鸭 绘

✎ 小动物们家里的时钟上的数字消失了。请你仔细观察，帮它们把丢失的数字补上吧。

✎ 请你帮小兔子找到和它们身上的时间一致的蘑菇，并连线。

✎ 小明傍晚5点到达钟表店买时钟，发现货架上只有一个时钟上显示着现在的时间，请你帮他把这个时钟圈出来吧。

✎ 小动物们需要在睡觉前定好闹铃，请你为它们选出正确的闹铃时间，并在旁边的○画"√"。

✏ 一阵大风吹来，把小蜈蚣晾的袜子吹跑了几只。请你仔细观察小
蜈蚣晾袜子的规律，在空夹子下画出被吹跑的袜子吧！

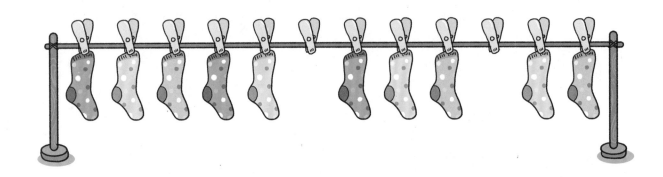

✏ 下面哪组果汁是按规律摆放的？请在它旁边的○里画"√"。

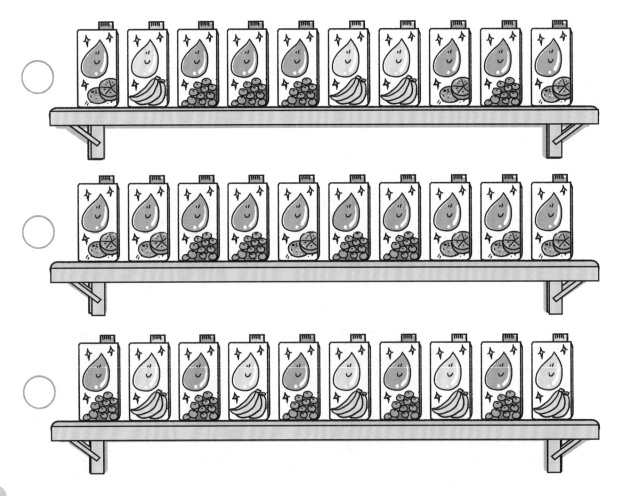

下面这些食物应该放进哪个篮子里？请连线。

请你在下面每排中找出一个与其他物品不同类的物品，并圈出来。

✎ 小蝴蝶们喜欢和与自己颜色相同的花朵待在一起，请你为它们涂上颜色吧！

✎ 请在陆生动物下面的□里画"√"，在水生动物下面的□里画"○"。

✎ 下面几只小动物的面前分别摆放了一些苹果，请把面前摆放的苹果数量与记录单上表示的数量一致的小动物圈出来。

✎ 请你用画"正"字的计数方式记录下面每种水果的数量。

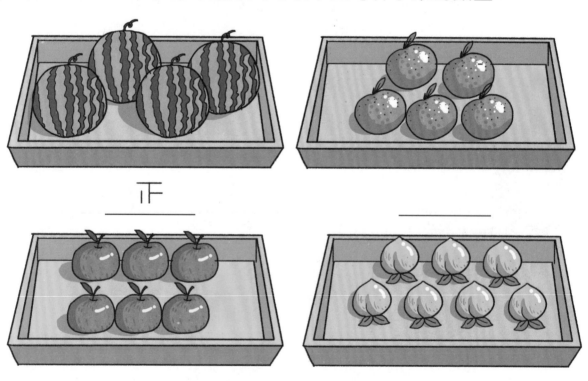

正

小明和小红在公园里玩画记游戏，仔细观察，帮他们完成记录单。

内容	标记	数量
✿	正正	10
男孩		
🕊		

内容	标记	数量
✿		
女孩		
🐟		

✏️ 请你找到第8节和第10节车厢，并分别在它们的上方画一个"○"。

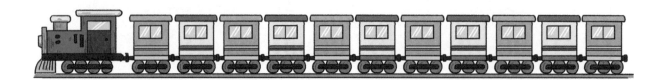

✏️ 幼儿园里正在举行跳绳比赛，明明、乐乐和东东在1分钟内的跳绳次数标记如下。请你根据标记找出他们的跳绳次数，将他们与对应的数字连起来。

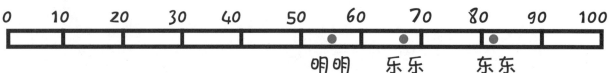

明明　　　　　乐乐　　　　　东东

(68)　　　　(82)　　　　(55)

✎ 三只小兔在地里采蘑菇，你能一眼看出谁采得多、谁采得少吗？请按采到蘑菇数量从多到少的顺序进行排序。

◯　　　　　　◯　　　　　　◯

✎ 请根据提示帮助森林管理员找到两棵需要护理的大树，并将它们圈出来。

请从图中左上角的第1棵树开始，按从左到右、从上到下的顺序开始往后数，找到第16棵树。

再从图中右下角的最后1棵树开始，按从右到左、从下到上的顺序往前数，找到第21棵树。

✎ 明明在吃什么水果？请在表格里对应的水果下面画一个"〇"。

苹果	香蕉

✎ 乐乐在搭积木。请你帮他数一数，不同形状的积木各有多少个，并按数量给两侧对应形状的积木涂上颜色。

_____个   _____个

✏ 下面哪些小动物正在跳绳？请在表格中对应的小动物下面画"○"。

兔子	老虎	大象	老鼠	小熊

✏ 看一看下面的一周食谱，请你在以下图画中找到周二吃的主食，并在上面画"□"，在周四吃的主食上画"○"。

日期	周一	周二	周三	周四	周五
主食	馒头	油条	面条	饺子	烧饼

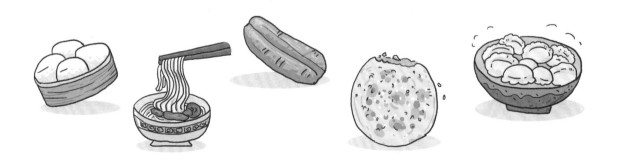

🖊 请你根据花朵上的算式，给每只蜜蜂找到与它身上的算式得数相同的花朵，并连线。

🖊 小明有10元钱，他最多能买多少件商品？请把它们都圈出来吧。

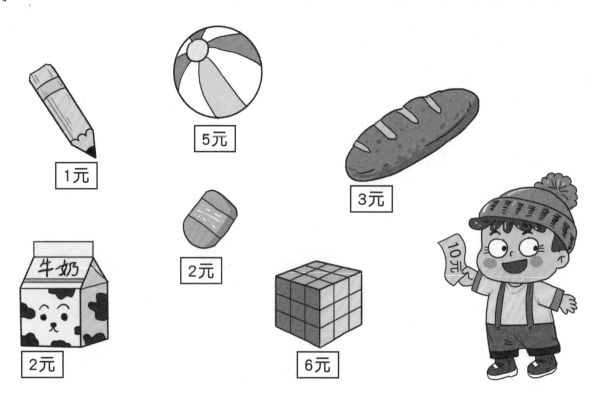

✎ 请你将算式得数为10的香蕉和小猴连线。

✎ 东东要从家去游乐场，请你帮他画出路程最短的一条路线。

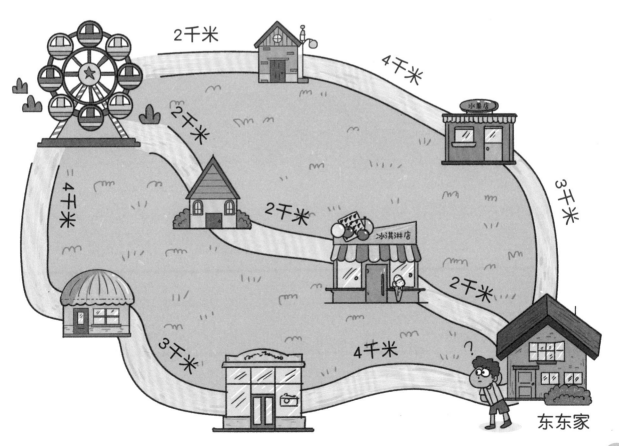

✎ 小熊要去买西瓜，请你按照它爸爸妈妈的要求，帮它圈出适合的那个吧！

✎ 请你仔细观察，圈出身上的数字大于36且小于45的小朋友。

✎ 两只小猫来钓鱼，每条小鱼身上都标着重量，以斤为单位。请你
找到重量符合小猫们的需求的小鱼，将小鱼与对应的鱼桶连起来。

✎ 请你根据小动物们的提示，填出宝箱的密码。

第1个数在3和6中间，是一个偶数。

第2个数在4和7之间，是一个奇数。

第3个数在5和9之间，是一个奇数。

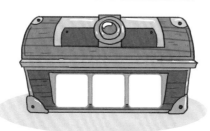

✎ 小刺猬们正在搬运果子，请你按背上果子数量从少到多的顺序给它们排序。

✎ 请你圈出车牌号上的数字正好是按从小到大的顺序排列的那辆汽车。

34685

45879

35689

35798

✎ 请你根据生日蛋糕上的蜡烛数量判断小朋友们的年龄，并按照年龄从大到小的顺序给他们排序。

✎ 请你先把圆圈上的数字按从小到大的顺序连起来，然后将最大和最小的数连起来，看看会出现什么图形吧！

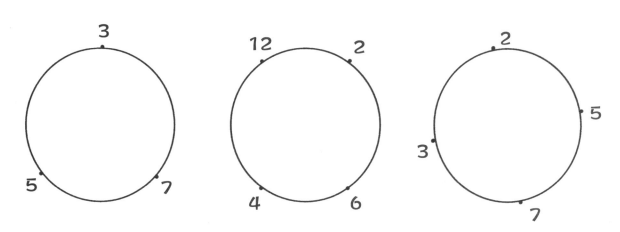

✏️ 请你把标注数字是2的2倍的彩旗涂成红色，标注数字是3的2倍的彩旗涂成黄色。

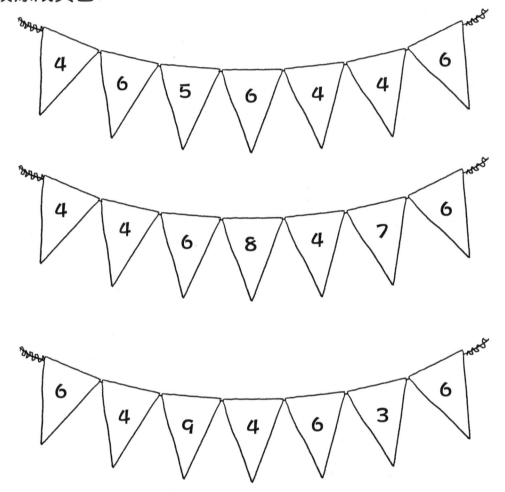

✏️ 小动物们正在排队，请你在身上号码是4的2倍的小动物下面画"○"，在身上号码是5的2倍的小动物下面画"✓"。

✎ 请你观察小兔子们手中篮子上的数字，分别找到数量是它们的2倍的蘑菇，再把小兔子和对应的蘑菇连起来。

✎ 学校要给小朋友们买礼物，请按要求写出需要购买的物品的数量。

小熊和洋娃娃的数量分别是3的2倍。

小汽车和工程车的数量分别是4的2倍。其他玩具的数量都是5的2倍。

✎ 请你根据下面的提示完成购物清单，将需要购买的水果圈出来，并在线段上标记这些水果的重量。

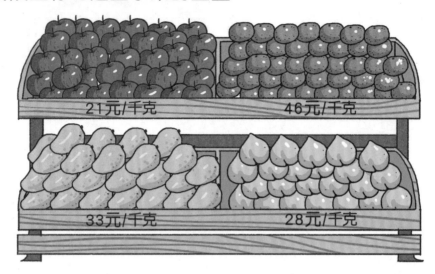

我要买的水果的价格高于26元/千克，低于30元/千克，且是一个偶数。我要买12千克。

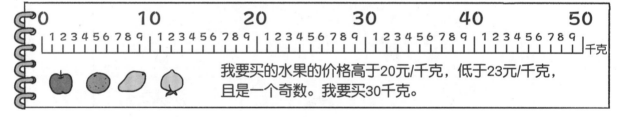

我要买的水果的价格高于20元/千克，低于23元/千克，且是一个奇数。我要买30千克。

我要买的水果的价格高于32元/千克，低于34元/千克。我要买27千克。

我要买的水果的价格高于45元/千克，低于47元/千克。我要买41千克。

✎ 请你帮小明标出当天的温度，并根据温度计下面的提示找出合适的衣服，把衣服和对应的温度计连起来。

 10  6  8  4  12

今天的温度高于15摄氏度，低于17摄氏度，小明要穿的衣服号码是3的2倍。

今天35摄氏度，小明要穿的衣服号码是5的倍数。

今天18摄氏度，小明要穿的衣服号码是4的3倍。

✎ 大象们正在进行投掷比赛，请你根据它们的目标在数轴相应的位置画出铅球。

 我的目标：大于15米，小于17米。

0　　　　　　10　　　　　　20　　　　　　30
1 2 3 4 5 6 7 8 9 1 2 3 4 5 6 7 8 9 1 2 3 4 5 6 7 8 9

 我的目标：大于10米，小于14米，是个偶数。

0　　　　　　10　　　　　　20　　　　　　30
1 2 3 4 5 6 7 8 9 1 2 3 4 5 6 7 8 9 1 2 3 4 5 6 7 8 9

 我的目标：大于21米，小于25米，是个奇数。

0　　　　　　10　　　　　　20　　　　　　30
1 2 3 4 5 6 7 8 9 1 2 3 4 5 6 7 8 9 1 2 3 4 5 6 7 8 9

✎ 运动会上，同学们正在进行各项比赛。观察他们的比赛情况，
　根据要求回答下面的问题。

① 下面是明明和乐乐的乒乓球
　比赛得分表，数一数明明和
　乐乐现在分别得了多少分。

明明	乐乐
正丁	丅

明明比乐乐多得
了_____分。

② 请你根据三场足球比赛的得分表，算一算两个班级三场比赛的总分，
　并用数字表示出来。

	1 班	2 班
第一场	正 正	正 正
第二场	正 丅	正 一
第三场	正 一	正 正

1 班 _____分

2 班 _____分

③有4名同学正在进行田径比赛，请你观察他们衣服上的数字，在数字最小的
　同学下面画"〇"，在数字最大的同学下面画"√"。

④啦啦队队员是按身上数字从小到大的顺序排列的，请你圈出站错位置的队员。

✎ 3个小朋友在玩石子，他们的书包放在了旁边的木椅上。请你仔细观察和思考，回答下面的问题。

① 乐乐手中有7个石子，红红手里有9个石子，明明的石子比乐乐的多，但比红红的少，明明手里有____个石子。

② 明明的书包吊牌上的数字是2的5倍，红红的书包吊牌上的数字是3的4倍，请你在明明的书包下画"○"，在红红的书包下画"□"。

③ 请你圈出标注的数字在15到18之间的花朵。

✎ 明明来书店买书，请你按要求帮他找到需要的图书吧！

① A 在书架的第一层，是从左往右数的第四本书，请你把它圈出来。

② B C 在书架的第二层，价格是5的倍数，请你把它们圈出来。

③ D 的价格是10的5倍，请你把它圈出来。

④ E 在所有书中价格最贵，请你把它圈出来。

马上就到下午茶时间了，妈妈正在为小朋友们准备下午茶，小朋友们在玩扑克。请你观察画面，帮助他们解决遇到的问题吧！

① 请你看看下面两个小朋友手中的牌，算一算三张牌的点数和，请把手中牌点数和更大的小朋友圈出来。

② 现在他们要玩分类游戏了。下面的一组牌中，有＿＿张♥、＿＿张♠、＿＿张♦、＿＿张♣。图案为红色的牌有＿＿张，比图案为黑色的牌多＿＿张。

③每个小朋友都需要1个餐盘、3块饼干，其中有3个小朋友每人需要2杯饮料，有4个小朋友每人需要2块蛋糕，其他小朋友不需要饮料或蛋糕。请帮妈妈把每样东西的数量写下来。

☐ 个餐盘　　☐ 块饼干
☐ 杯饮料　　☐ 块蛋糕

④下面是小朋友们玩扑克游戏的得分表。请你算一算，谁是第一名，再在他的名字后面画"√"。

	天天	雷雷	明明
第一局	3	4	5
第二局	2	3	4
第三局	5	3	2
第四局	4	6	2

⑤请你找到下面一组牌的数字排列规律，并在空白扑克牌上把数字写出来。

洛克数学启蒙练习册2-A答案

P2

P3

P4

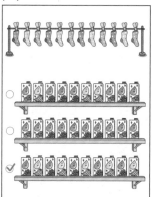

P5

P6

P7

P8

P9

P10

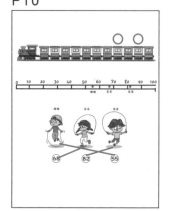

P11

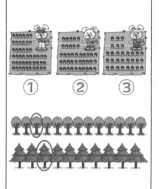

P12

P13

P14
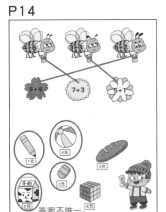

P15
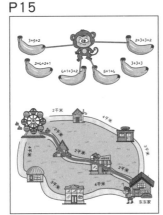

P16

P17

P18
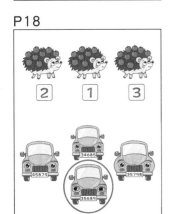

P19

P20

P21

P22

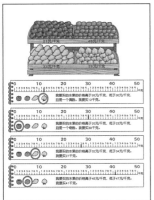

P23

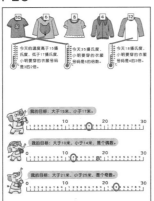

P24~25
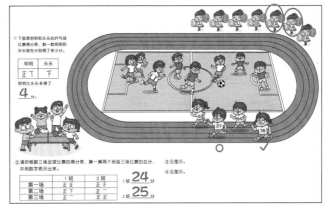

P26

P27

P28~29
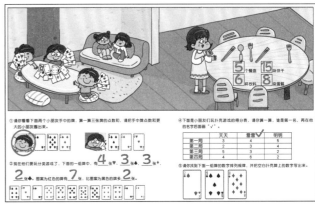

洛克数学启蒙
练习册

洛克博克童书 策划　　舒丽 编写　　懂懂鸭 绘

✎ 请观察图片中小朋友正在做的事情，根据自己的实际情况，在钟
表上画出时针的位置。

✎ 请观察花和花瓶上的时间，将花和对应的花瓶连起来。

✎ 每只小熊身上都有一块表，请圈出表盘显示时间为8:30的小熊。

✎ 每条小鱼身上都有自己出门的时间，请按照出门时间从早到晚的顺序给它们排序。

✎ 红红有一些圆形和方形的珠子,请你按照不同
规律分别帮她串三条项链吧。请把串在一条项
链上的珠子用线连起来。

✎ 请你根据车厢上○的数量规律,画出后面几节车厢上的○。

✎ 小兔子要回家了，请你帮它找到一条图形有规律的路，在正确道路对应的方框里画"√"。

✎ 儿童节快要到了，请你按照一定规律为气球、彩旗和小花涂色，快行动起来吧！

✏️ 请你看看下面这些垃圾应该投进哪个垃圾桶里，把它们和对应的垃圾桶连起来。

厨余垃圾　　可回收物　　有害垃圾　　其他垃圾

✏️ 请你按要求数一数符合条件的小动物，把数量写在□里。

✎ 请你看看花园里都有什么，回答下面的问题。

① 花园里有___朵红花，___朵黄花，红花比黄花多___朵。

② 除了按颜色分，这些花朵还可以按什么分？

③ 请你为白色花朵涂上红色或黄色，使红花和黄花的数量一样多。

④ 大蝴蝶有___只，小蝴蝶有___只，大蝴蝶比小蝴蝶少___只。

⑤ 请你再画几只蝴蝶，使大蝴蝶和小蝴蝶的数量一样多。

✎ 小兔和小猴要统计水果的数量，请你看看它们的记录单，圈出统计正确的表格栏。

✎ 根据画记所表示的数量添画形状，使得每种形状的数量与画记一致。

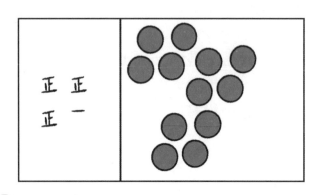

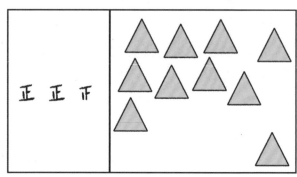

朵朵和明明正在玩画记游戏，请你仔细观察，帮他们用"正"字记录下对应事物的数量，在同类别更多的上面画"√"。

蓝色汽车	绿色上衣	绿色大树

黄色汽车	黑色上衣	黄色大树

✎ 请你圈出每组中最重的那只动物。

14 千克

13 千克   12 千克

10 千克   12 千克

15 千克   14 千克

✎ 小朋友们正在量身高，请你仔细观察，帮他们按从高到矮的顺序排排队吧！

85 厘米   90 厘米   80 厘米

✏️ 请你数数下面果树上有多少个水果，把数量写在下面的框里，并把果实最多的那棵果树圈出来。

☐　　　　　☐　　　　　☐

✏️ 小动物们进行跳远比赛，第一、二、三名分别可以得到金牌、银牌、铜牌，请你把小动物和它们得到的奖牌连在一起。

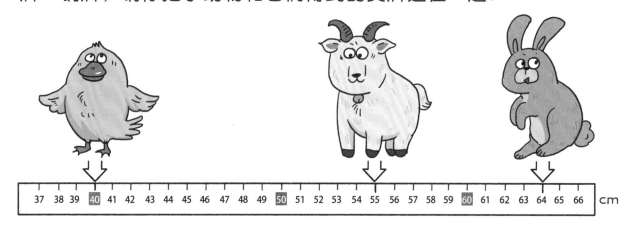

37 38 39 40 41 42 43 44 45 46 47 48 49 50 51 52 53 54 55 56 57 58 59 60 61 62 63 64 65 66　cm

✎ 请你根据小朋友们的投票情况，圈出最受欢迎的运动。

	🤸跳绳	拍球	呼啦圈	跑步
（戴帽子女孩）	✓		✓	✓
（戴眼镜女孩）	✓	✓	✓	✓
（扎辫子女孩）		✓		✓
（扎马尾女孩）	✓		✓	✓

✎ 小红要去超市购物，请根据大家的需求，帮她在购物清单上画"√"。

✏️ 看看这两周的天气，把每种天气出现的次数填到统计表中吧！

星期日	星期一	星期二	星期三	星期四	星期五	星期六
☀️	☀️	☁️	🌧️	☁️	☁️	☀️
☁️	🌧️	🌧️	☁️	☀️	🌧️	☁️

☀️	☁️	🌧️

✏️ 小朋友们需要乘坐不同的交通工具来幼儿园，请你根据统计图表，写出乘坐每种交通工具的人数吧。

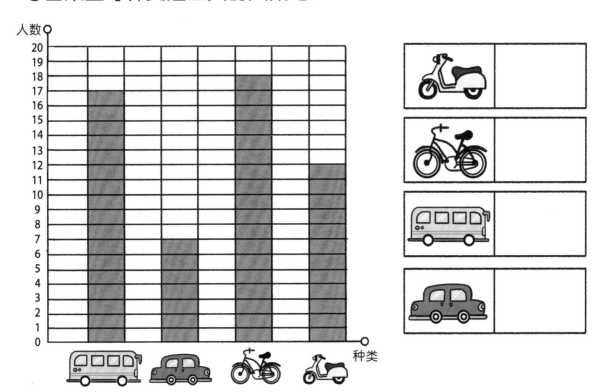

✎ 小兔子分糖果，每张桌子上有12颗糖果，需要把它们平均分到同
　一张桌子上的盘子里。请你帮小兔子分一分吧。

✎ 三个小朋友去果园摘水果，他们每人手里的篮子上都写着需要摘
　下的水果数量，每个篮子里都要有三种水果。请你帮他们做采摘
　计划，把要摘的水果数量写下来。

快来帮小蝌蚪找到妈妈吧！青蛙妈妈的身上有算式，小蝌蚪的身上有得数。请计算出算式的结果，把青蛙妈妈和相应的小蝌蚪连起来。

请观察下面的格子，把算式得数为10的方格涂上红色，看看会出现什么图案吧。

4+2	3+7	3+5
2+8	4+6	5+5
1+8	1+9	4+5

2+3+5	3+3+3	3+1+4
4+3+3	4+3+2	5+1+1
1+2+7	1+1+8	4+2+4

✎ 请你圈出下面每组中符合小熊需求的商品。

价格高于 10 元，是个奇数。

价格高于 17 元，低于 19 元。

价格低于 20 元，是个奇数。

✎ 快看！农场里有好多动物。请你圈出身上的数字在12和20之间，且为奇数的小动物。

请你仔细观察小鱼身上的数字，将数字为奇数的小鱼涂成蓝色，将数字为偶数的小鱼涂成黄色。

请观察动物身上的数字，圈出每组中不符合游戏要求的动物。

✏️ 下列小汽车的车牌号都是按从左到右、由小到大的数字顺序排列的，请你根据圆框里的几个数字，把小汽车的车牌号写出来。

✏️ 观察小动物们脚下的数字，按数字从小到大的顺序给它们排队，请你圈出站错位置的小动物。

✏️ 小猫的年龄越大分到的小鱼越多，请你数一数鱼缸里有多少条小鱼，把小猫和相应的鱼缸连在一起。

✏️ 下图中有两座房子墙壁上的瓷砖已经脱落了，需要维修。请你数一数，要修好每座房子分别需要补多少块瓷砖，把数量写下来。

🖊 小朋友们正在吃饺子，他们每个人想吃多少个饺子呢？谁拿错了饺子盘，请圈出来。

🖊 兔妈妈正在为孩子们准备服装，每只小兔都需要1顶帽子、2只手套、2只袜子，4只小兔一共需要几顶帽子、几只手套、几只袜子呢？

登记表中显示出兔妈妈已经准备好的服装数量。还缺多少服装呢？请你把它们画出来。

✏️ 小朋友们正在玩游戏，请你圈出手上珠子数量和所给任务不一致的小朋友。

4的两倍　　　　　5的两倍　　　　　7的两倍

✏️ 请你先数一数树上的水果数量，再回答下面的问题。

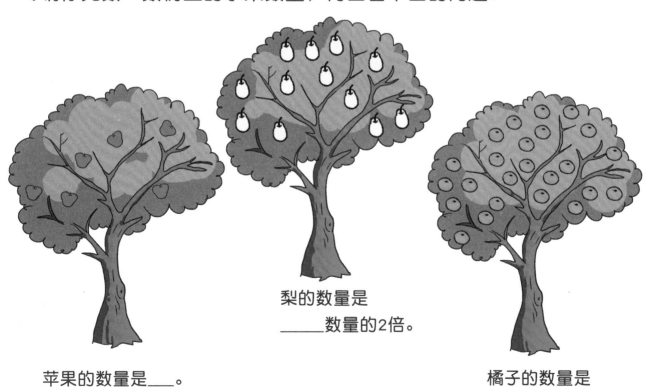

苹果的数量是___。

梨的数量是
_____数量的2倍。

橘子的数量是
_____数量的4倍。

✏️ 请你根据小朋友们的提示，在钟表上画出他们起床的时间。

我的起床时间在6点和8点之间，是一个整点。

我的起床时间在7点和8点之间，是一个半点。

我的起床时间在7点和9点之间，是一个整点。

✏️ 小动物们在等公交车，请你根据它们的要求，将小动物与合适的公交车及时间连线。

我要坐的车上午9点到，线路编号大于9，小于13，是个奇数。

我要坐的车下午2点到，线路编号大于9，小于13，是个偶数。

我要坐的车下午5点到，线路编号大于8，小于10。

✏️ 朵朵和妈妈要去看电影，请你根据她们的要求圈出她们要看的影片。

我们要看的影片在下午4点之后放映，票价高于35元，低于40元。

开场时间：14:00
票价：38元

开场时间：17:00
票价：25元

开场时间：16:30
票价：38元

✏️ 下面是十二生肖时钟，请你看看表盘上的小动物分别代表数字几，把它们代表的数字写在□里，并按照钟表下面的提示，在表盘上画出相应的时间。

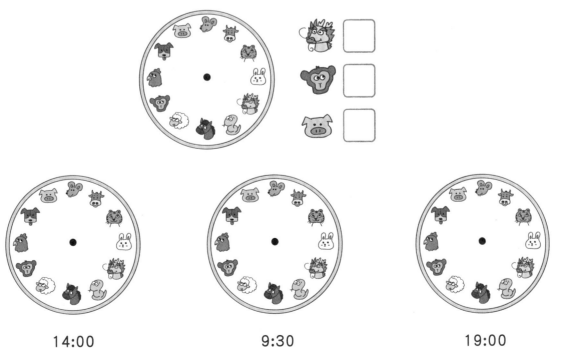

14:00   9:30   19:00

对应图画书《嘀嘀，小汽车来了》《小小消防员》《狂欢购物节》《会数数的奥马利》

游乐场里，小朋友们正在玩游戏。请你仔细观察画面，回答右边的问题。

① 请你按不同特点给摩天轮的座舱分类：
按形状分，圆形的共___个，
方形的共___个。
按颜色分，红色的共___个，
蓝色的共___个。
按乘坐人数分，2人乘坐的共___个，
1人乘坐的共___个。

② 请你找出小丑手上的气球的排列规律，把空白气球涂上正确的颜色。

③ 请你找出棉花糖形状的排列规律，把缺少的棉花糖画出来。

④ 请你数一数，海盗船上有___名男孩，___名女孩，总共有___人。

⑤ 请你数一数，过山车上有___名男孩，___名女孩，总共有___人。

⑥ 请你数一数，排队的人中，爸爸妈妈和小朋友的人数分别是多少，并用画"正"字计数的方式把数量记录下来。

爸爸妈妈：	小朋友：

秋天来了，水果都成熟了，森林里的小动物们正在庆祝丰收。请你根据画面回答右边的问题。

橙子

土豆 20千克

苹果

梨

玉米 10千克

石榴

① 在□里写出每种水果的数量，梨的数量是
____ 的两倍，橙子的数量是 ____ 的两倍。

② 橙子和石榴共有 ____ 个，比苹果和梨的总
数多 ____ 个。

③ 四种水果共有 ____ 个。

④ 一筐红薯和一筐花生的重量是 ____ 千克，
正好和一筐（玉米 土豆）的重量相等。
请你给农作物按从重到轻排序，把序号写
在图中的○里。

⑤ 下面是小动物所需要的水果数量统计表，
请你根据每种水果的需求数量，看看草地
上的水果够不够分，还需要采摘多少，把
需要采摘的水果的数量分别填在横线上。

	苹果	石榴	橙子	梨
🐻	3	2	4	3
🐱	4	4	6	3
🐰	3	3	8	4

还需要摘 ____ 个苹果、 ____ 个石榴、
____ 个橙子、 ____ 个梨。

✎ 小马需要买一些缝在衣服上的纽扣，请你根据画记单，回答下面的问题。

正 正
正 丅
正 一
正 正

① 按颜色分，红色纽扣有____个，黄色纽扣有____个，绿色纽扣有____个。

② 按扣眼数量分，2个扣眼的有____个，3个扣眼的有____个，4个扣眼的有____个。

③ 红色纽扣和绿色纽扣共有____个，黄色纽扣和蓝色纽扣共有____个。

④ 小马要把这些纽扣按不同规律重新摆放，请你根据小马的摆放规律，把空缺的纽扣画出来。

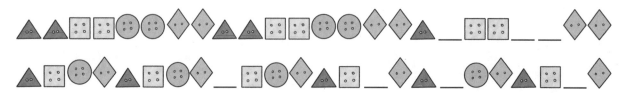

🖊 红红和明明在玩扑克牌的游戏，请你根据要求回答问题。

他们用画"正"字的计数方式记录各自获胜的次数，请你在空白处写出每个人的获胜次数，并圈出获胜次数更多的人。

算一算每组牌的数字总和，圈出总数更大的一组。

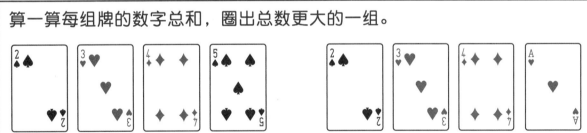

每组牌中的两种花色数量一样多，请你画出无花色扑克的花色。

请你根据每组扑克的数字规律，填写出空白扑克的数字。

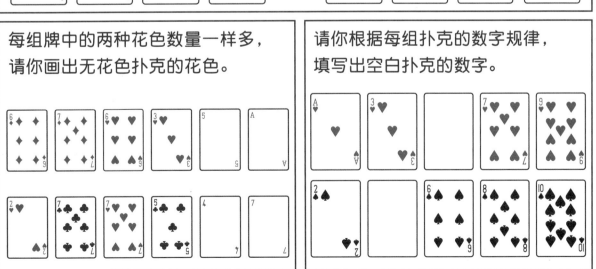

29

洛克数学启蒙练习册2-B答案

P2

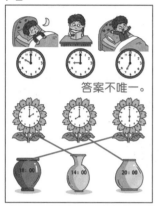

答案不唯一。

P3

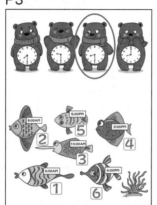

P4

用不同的线表示三种串法。

答案不唯一。

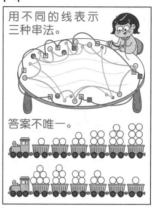

P5

答案不唯一。

P6

P7

①花园里有 **13** 朵红花，**11** 朵黄花，红花比黄花多 **2** 朵。
②花瓣的数量。
③见图示。
④大蝴蝶有 **5** 只，小蝴蝶有 **7** 只，大蝴蝶比小蝴蝶少 **2** 只。
⑤见图示。

P8

P9

P10

P11

P12

P13

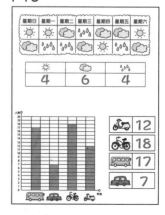

P14

答案不唯一。

P15
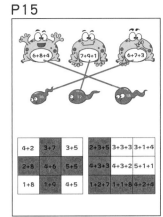

P16

P17

P18

P19

P20

P21

P22
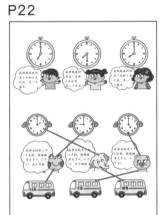

P23

P24~25
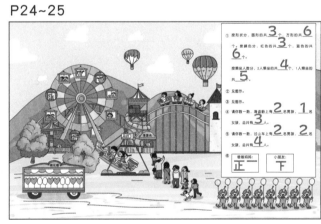

P26~27

P28

P29

洛克数学启蒙
练习册

洛克博克童书 策划　　舒丽 编写　　懂懂鸭 绘

✎ 现在是上午10点，请你根据提示写出下面三个时间，并画出钟面上的指针。

2小时前　　　　　　3小时后　　　　　　5小时后

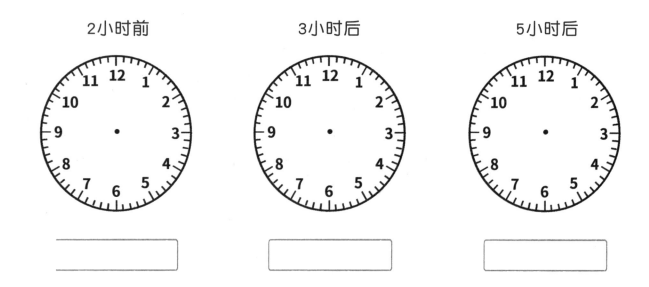

✎ 请你将时间相同的杯子和盘子连线。

下面是小明的寒假学习计划表，请你也为自己制订一份计划表，做自己的时间小主人吧。

寒假学习计划表

时间	内容
7:30—7:50	起床、洗漱
8:00—8:20	早餐
8:30—9:00	晨读
9:20—9:50	锻炼
10:00—11:20	写作业
11:30—12:20	午饭
12:30—14:20	午休
14:30—15:20	兴趣学习
15:30—17:30	自由活动
18:00—19:30	晚饭、散步
19:40—20:20	阅读
20:30—21:00	洗澡、睡觉

✎ 请找出下面每组冰激凌的摆放规律，为后面的冰激凌涂上正确的颜色。

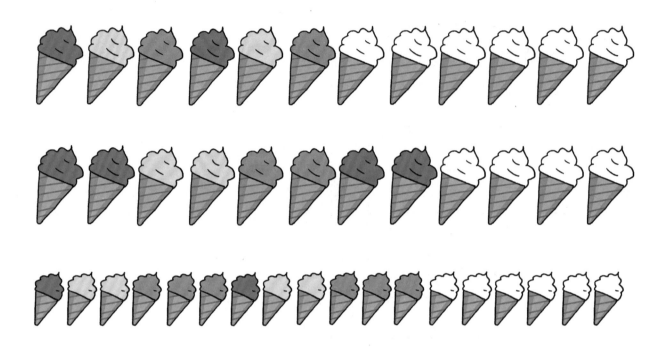

✎ 请你找到每排花朵数字的排列规律，写出后面的数字。

✎ 请你帮小老鼠按○△□的规律走出迷宫，吃到它最喜欢的蛋糕。

✎ 下面的饼干按照相同的特征可以分为两类，请将饼干对应的序号
写入盘子中。想一想：你还能写出其他分类方式吗？

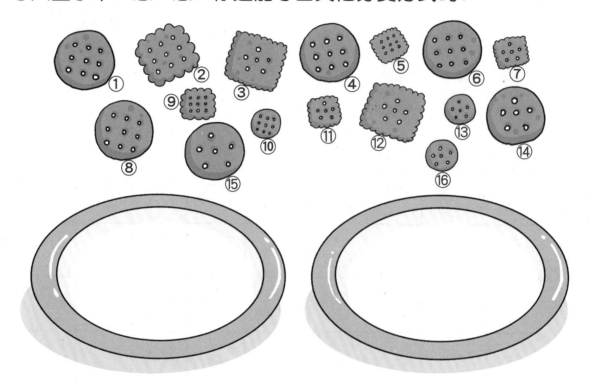

✎ 请你把每组中与其他物品不同类的物品圈出来。

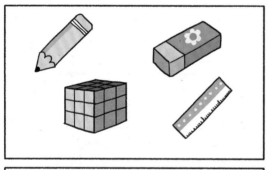

✎ 请你仔细观察海洋里的小鱼，回答下面的问题。

① 按小鱼的脑袋颜色分，红色的有____条，黄色的有____条，粉色的有____条。

② 按小鱼的条纹颜色分，红色的有____条，黄色的有____条，粉色的有____条。

③ 按小鱼的条纹数量分，有2条条纹的共____条，有3条条纹的共____条。

④ 请你再画几条小鱼，使脑袋颜色不同的小鱼数量相等。

✏️ 售货员正在清理货物，请你帮他用画记的方式清点，并写出数量。

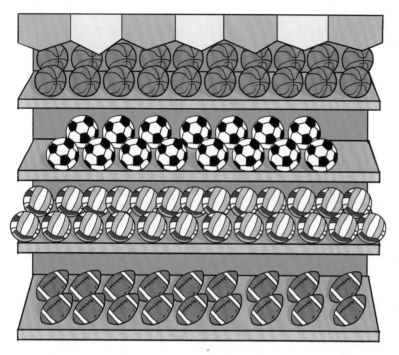

✏️ 请你数一数每组糖果的数量，把它们和对应的画记单连线。

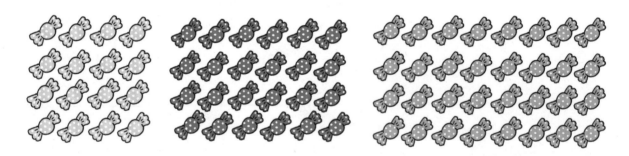

✎蔬菜都成熟了，请你根据乐乐和妈妈需要的蔬菜数量，圈出相应数目的蔬菜吧。

🖊 请你把下面两个表格里空缺的数字写出来。

15	16		18	19		21	22
23		25	26		28	29	30
31	32	33	34	35	36		38
39		41		43	44		46
47	48		50	51	52	53	

	31	32		34	35	36	
38	39	40	41	42		44	45
46		48	49	50	51	52	53
	55	56		58	59		61
62		64	65	66		68	69

🖊 请你圈出每个羊圈里最重的羊。

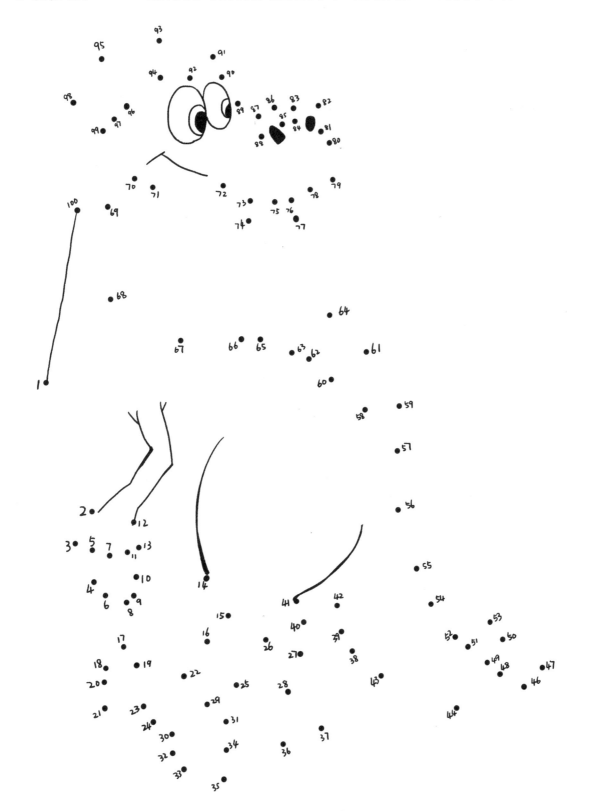

✎ 请你仔细观察小朋友们的情绪统计图，完成下面的问题。

		星期一	星期二	星期三	星期四	星期五	星期六	星期日
☐	👦	😊	😊	😔	😠	😊	😊	😔
☐	👧	😢	😊	😊	😊	😠	😊	😊
☐	👧	😊	😊	😔	😔	😠	😊	😔
☐	👦	😊	😠	😔	😠	😊	😊	😊
☐	👦	😠	😊	😔	😔	😊	😊	😊

① 请你在高兴天数最多的小朋友前面画"√"。

② 请你在伤心天数最多的小朋友前面画"○"。

③ 请你圈出所有小朋友都高兴的一天。

④ 第四个小朋友这周的心情天数分别是：高兴＿＿天；伤心＿＿天；生气＿＿天。

⑤ 请你找到伤心人数最多的一天，在上面画"×"。

⑥ 星期四，有＿＿个小朋友高兴，有＿＿个小朋友生气，有＿＿个小朋友伤心。

✎ 小朋友们竞选主持人，请你在下面右侧的图表中统计出他们的选票（一个"○"代表一票），并在下面左侧的图中圈出获胜的小朋友。

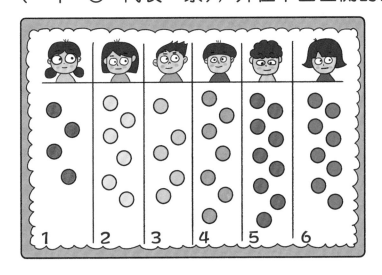
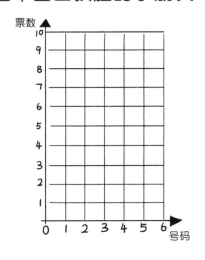

✎ 明明和乐乐玩套圈比赛，看看他们三次分别套中的个数，圈出套得更多的人。

	第一次	第二次	第三次
	8	6	7
	5	9	6

✎ 小熊最爱吃蜂蜜了，请你帮小熊找一找属于它们的蜂蜜（蜂蜜罐子上的数字总和要与小熊衣服上的数字总和相同）。连一连吧！

✎ 乐乐买了4样东西，正好花了25元钱，请你帮他圈出购买的4样商品吧。想一想：可以有几种组合？

✎ 请帮兔妈妈把篮子里的食物分给兔哥哥和兔妹妹，使得加上兔哥哥、兔妹妹原有的食物，每只小兔分配到的食物总数相同。请将各自需要分配食物的数字写在下面的□里。

✎ 请你在下面的〇中填入合适的数，使每条线上的三个数相加都等于右边方框里的数。

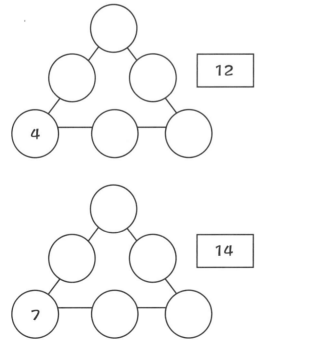
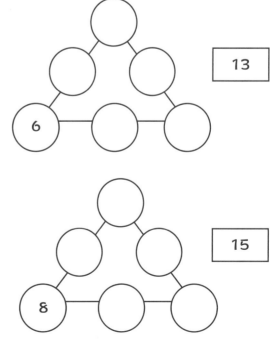

15

✏️ 小朋友要去放风筝，请你按他们的要求找到对应的风筝，并连线。

✏️ 请你根据线索卡上的提示，在每张卡片上圈出逃跑的小老鼠。

✎ 两个小朋友在玩猜数游戏，他们看不到自己头上的数字。请你看看他们的提问，把能准确猜出自己头上数字的小朋友圈出来。

大于 40 吗？

小于 30 吗？

大于 26 吗？

小于 28 吗？

✎ 图中有三辆小火车，根据要求为车厢涂上漂亮的颜色吧。

将数字在16到19之间的车厢涂成红色。

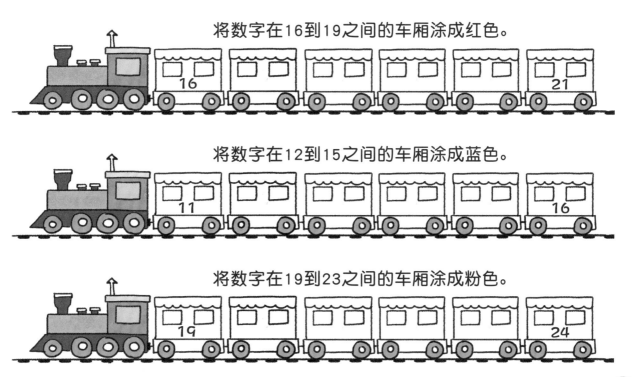

将数字在12到15之间的车厢涂成蓝色。

将数字在19到23之间的车厢涂成粉色。

✎ 请你圈出号码牌数字不是按从左到右、由小到大的顺序排列的运动员。

✎ 请你将数字按从左到右、由小到大的顺序排列的气球涂成红色，将数字按从左到右、由大到小的顺序排列的气球涂成黄色。

毛毛虫身上的数字是按从左到右、由小到大的顺序排列的，它们身上丢失的一个数字与下面某一只蝴蝶身上的数字一致。请你找到这只蝴蝶，并把它们连起来。

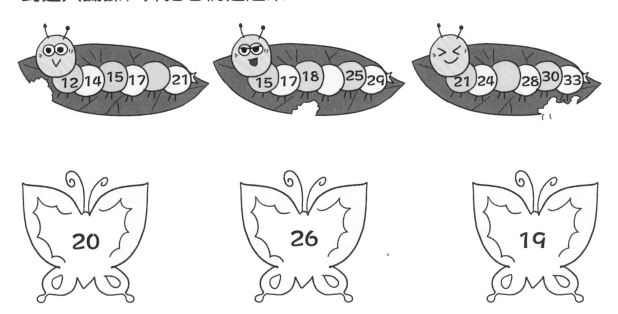

请你看看每条小鱼吐出的泡泡中的数字，在每组中最大的数字旁画"○"，在每组中最小的数字旁画"□"。

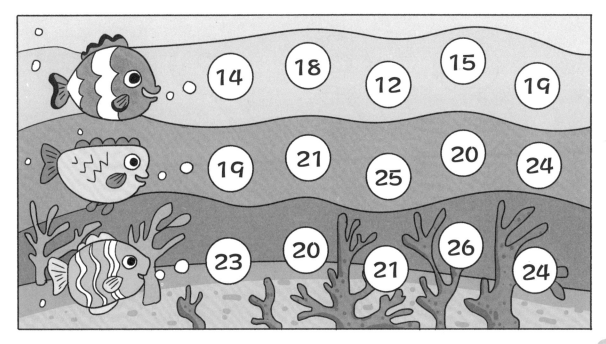

✏️ 猴妈妈和小猴去掰玉米，哪幅图中小猴掰下的玉米数量正好是猴妈妈掰下的玉米数量的两倍呢？请把这幅图圈出来。

✏️ 请观察图片，每把钥匙与每把锁都对应着一个数字。请你找到数字是两倍关系的锁和钥匙，把它们连起来。

✏️ 两根15米长的绳子分别被减掉了一段，第一根被剪掉了3米，现在第一根的长度是第二根的两倍，请你写出第二根绳子被减去的长度。

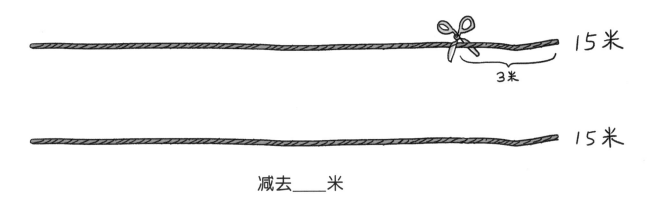

15米

3米

15米

减去____米

✏️ 请你看看商品的价格，算出购买下面的商品需要的价钱。

3元　2元　5元　2元　8元

8元　9元　5元　6元　7元

① 买2根香蕉和2个魔方需要____元。

② 买2个面包和2瓶矿泉水需要____元。

③ 买1瓶牛奶和2包饼干需要____元。

④ 买2辆玩具汽车和2个拼图需要____元。

① 请你数一数，图中小朋友们搭建好的城堡分别用了多少块不同的积木：

_____ 块红色圆锥积木、 _____ 块红色圆柱积木、 _____ 块黄色长方体积木、

_____ 块蓝色圆锥积木、 _____ 块黄色圆柱积木、 _____ 块蓝色长方体积木。

长方体积木的数量是（圆锥积木　圆柱积木）的数量的2倍。

② 请你帮小厨师找出最受欢迎的主食、菜品和饮料，在对应食物上面画"√"；

找出最不受欢迎的主食、菜品和饮料，在对应食物上面画"×"。

③ 请你帮小朋友在她的图画上涂色（3瓣花涂黄色，4瓣花涂紫色，5瓣花涂粉色）。

④今天是星期四，请你根据上一周4种植物的浇水记录，找到它们的浇水规律，把今天需要浇水的植物圈出来。

⑤两个小朋友在下棋，如果5局后，穿粉色衣服的小女孩暂时领先，那这5局中，她最少要获胜____局。

⑥请观察书架，封面上有数字的书是数学绘本，有小动物的书是动物绘本，有节日用品的书是节日绘本。请你在数学绘本的右上角画"△"，在动物绘本的右上角画"○"，在节日绘本的右上角画"□"。数一数，节日绘本的数量是（动物绘本　数学绘本）的数量的2倍。

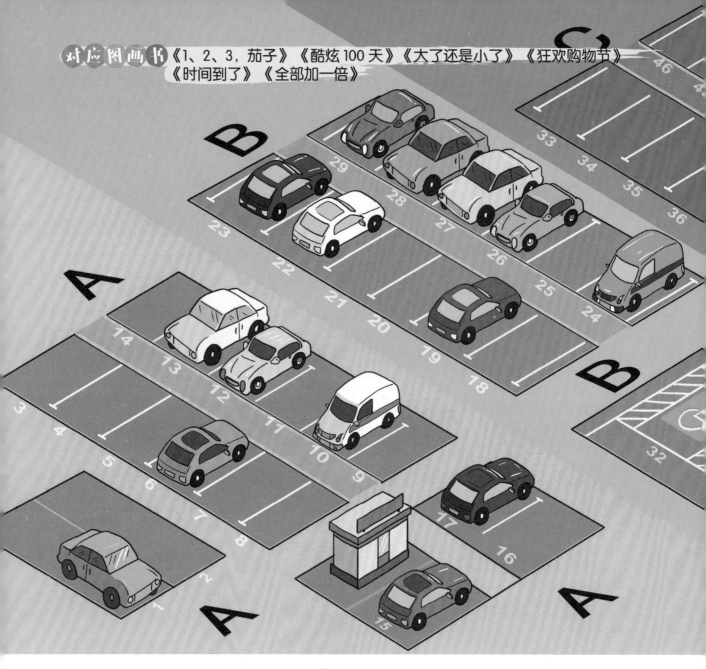

① 停车场里一共有63个车位，A区共停了____辆车，B区共停了____辆车，C区共停了____辆车；____区停的车最多；A区和B区的车加起来比C区多____辆。

② 现在又来了9辆车，停车场共有____辆车。

　　如果要A区车辆最多，且B区车辆比C区车辆多，可以这样分配新来的车：A区____辆、B区____辆、C区____辆。

　　如果想要3个区停的车一样多，可以这样分配：A区____辆、B区____辆、C区____辆。

③ 现在停车场还有____个空车位。

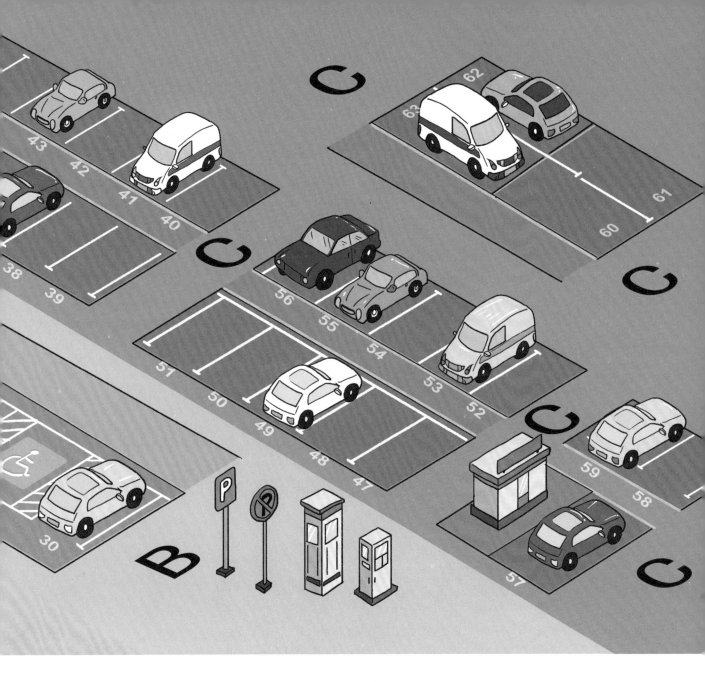

④ 朵朵家的车停在了A区，车位号码是奇数，且旁边的偶数车位上停了一辆车，请你圈出朵朵家的车。

⑤ 停车场的收费标准是每30分钟4元，请你看看乐乐家的车和小小家的车驶入和驶出的时间，算出他们两家的停车费。

	驶入时间	驶出时间	停车费
乐乐家的车	9:00	10:30	
小小家的车	14:30	16:30	

✎ 请你根据提示圈出运动员的号码，并回答下面的问题。

① 请你找到红队中的一名队员，并把这名队员圈出来（这名队员的号码在7和10之间，是个偶数）。

② 请你找到蓝队中的一名队员，并把这名队员圈出来（这名队员的号码在12和15中间，是个奇数）。

✎ 小朋友们玩跳格子游戏，请你仔细观察，完成下面的问题。

③所有队员中，女孩人数是男孩人数的2倍，共有____名女孩，____名男孩。

④如果红队按号码从小到大、从左到右的顺序重新排队，站在从右往左数第3个
　的是____号，站在从右往左数第6个的是____号。

⑤如果蓝队按号码从大到小、从左到右的顺序重新排队，站在从左往右数第2个
　的是____号，站在从左往右数第5个的是____号。

①请你把5、7、9三个数字按顺序填入"跳房子"的空白格子里。

②请你找到身上数字是双倍关系的两个小朋友，在他们旁边画"√"。

③小朋友投到的骰子数在2和5之间，是
　奇数，请你在骰子上画出正确的点数。

④骰子的点数代表小朋友要跳的步数，如
　果小朋友站在格子外准备起跳，要跳到
　现在骰子点数2倍的格子里，这个小朋
　友需要跳到数字是____的格子里。

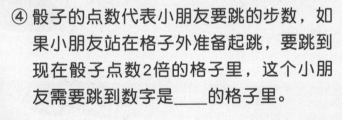

✎ 请你帮熊猫贝贝完成下面的任务，成功到达终点，找到好朋友乐乐吧！

任务1

在方格里填上数字1~9，使数字横、竖相加的和都等于15。

7		
	8	
	1	9

任务2

请你找到数字排列规律，填出空白处的数字。

1,16,2,14,3,12,4,10, __ , __ ,6,6

任务3

请你在钟表上画出对应的时间。

15:30   21:00

熊猫们要给妈妈选一个蛋糕，请根据它们的投票情况，圈出最合适的蛋糕。

	尺寸			层数			口味		
	6 寸	8 寸	10 寸	2 层	3 层	4 层	巧克力	草莓	芒果
	√			√				√	
		√			√				√
		√				√			√
			√	√			√		

6 寸巧克力蛋糕　　　　8 寸草莓蛋糕　　　　8 寸芒果蛋糕

请你按照数字从小到大的顺序连线，再把最大的数字和最小的数字连起来，看看会出现什么图案。

洛克数学启蒙练习册2-C答案

P2
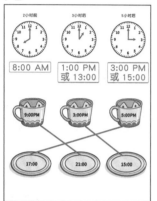

P3

P4
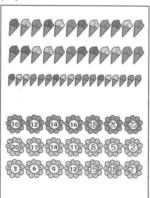

P5

P6

答案不唯一。

P7
① 红色的有 6 条，黄色的有 4 条，粉色的有 5 条。

② 红色的有 5 条，黄色的有 7 条，粉色的有 3 条。

③ 有2条条纹的共 3 条，有3条条纹的共 12 条。

④ 见图示（再画两条黄色脑袋、一条粉色脑袋的鱼）。

P8
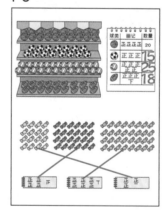

P9

圈出相应数量的蔬菜即可。

P10
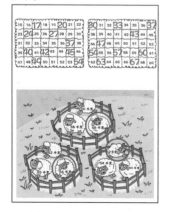

P11

P12
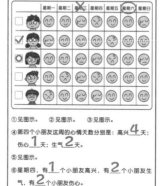

① 见图示。　② 见图示。　③ 见图示。

④ 第四个小朋友这周的心情天数分别是：高兴 4 天；

伤心 1 天；生气 2 天。

⑤ 见图示。

⑥ 星期四，有 1 个小朋友高兴，有 2 个小朋友生

气，有 2 个小朋友伤心。

P13

P14

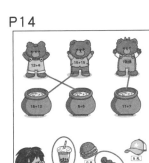

答案不唯一。

P15

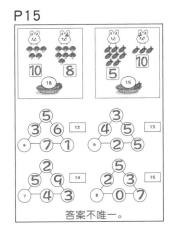

答案不唯一。

P16

P17

P18

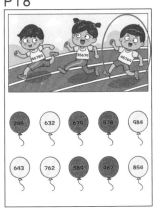

P19

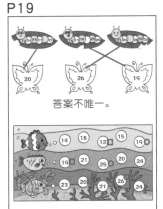

答案不唯一。

P20

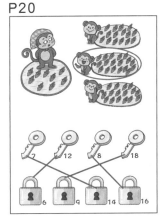

P21

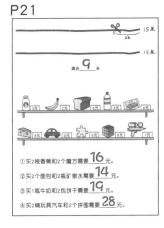

① 买2根香蕉和2个魔方需要 **16** 元。

② 买2个面包和2瓶矿泉水需要 **14** 元。

③ 买1瓶牛奶和2包饼干需要 **19** 元。

④ 买2辆玩具汽车和2个拼图需要 **28** 元。

P22~23

① **1** 块红色圆锥积木，**3** 块红色圆柱积木，**6** 块黄色长方体积木，**3** 块蓝色圆锥积木，**3** 块黄色圆柱积木，**2** 块蓝色长方体积木。长方体积木的数量是（圆锥积木 圆柱积木）的数量的2倍。

②③④见图示。

⑤ 这5局中，她最少要获胜 **2** 局。

⑥ 见图示。数一数，节日绘本的数量是（动物绘本 数学绘本）的数量的2倍。

P24~25

① A区共停了 **7** 辆车，B区共停了 **9** 辆车，C区共停了 **11** 辆车；C区停的车最多。A区和B区的车加起来比C区多 **5** 辆。

② 现在又来了9辆车，停车场共有 **36** 辆车。如果要A区车辆最多，且B区车辆比C区车多，可以这样分配新来的车：A区 **6** 辆，B区 **3** 辆，C区 **0** 辆。如果想要3个区停的车一样多，可以这样分配：A区 **5** 辆，B区 **3** 辆，C区 **1** 辆。

③ 现在停车场还有 **27** 个空车位。

④ 见图示。⑤ 乐乐家的车 **12元** ；小小家的车 **16元** 。

P26~27

①② 见图示。

③ 共有 **12** 名女孩，**6** 名男孩。

④ 站在从右往左数第3个的是 **7** 号，站在从右往左数第6个的是 **4** 号。

⑤ 站在从左往右数第2个的是 **18** 号，站在从左往右数第5个的是 **15** 号。

①②③ 见图示。

④ 这个小朋友需要跳到数字为 **6** 的格子里。

P28~29